国网河南电力配电网工程建设

管理手册

监理分册

国网河南省电力公司　组编

中国电力出版社
CHINA ELECTRIC POWER PRESS

图书在版编目（CIP）数据

国网河南电力配电网工程建设管理手册．监理分册 / 国网河南省电力公司组编．—北京：中国电力出版社，2021.2

ISBN 978-7-5198-4355-7

Ⅰ．①国…　Ⅱ．①国…　Ⅲ．①配电系统－电力工程－监理工作－河南－手册　Ⅳ．①TM727-62

中国版本图书馆 CIP 数据核字（2020）第 028393 号

出版发行：中国电力出版社
地　　址：北京市东城区北京站西街 19 号（邮政编码 100005）
网　　址：http：//www.cepp.sgcc.com.cn
责任编辑：钟　瑾（010-63412867）
责任校对：黄　蓓　朱丽芳
装帧设计：张俊霞
责任印制：钱兴根

印　　刷：三河市百盛印装有限公司
版　　次：2021 年 2 月第一版
印　　次：2021 年 2 月北京第一次印刷
开　　本：710 毫米 ×1000 毫米　16 开本
印　　张：3.75
字　　数：45 千字
定　　价：16.00 元

《国网河南电力配电网工程建设管理手册》

监理分册

编　委　会

主　　任：陈红军

副 主 任：秦江坡

委　　员：宁丙炎　张　鹰　鲍俊立　郑向阳　田　军
　　　　　李孟超　陈振宇　胡扬宇　任歌武　孟宇红
　　　　　李会涛　陈鹏浩　陈延昌　周　鹏　崔　威

编　写　组

主　　编：李会涛　李艳山

编写人员：李　明　李勇旺　孟宇红　王思宁　崔　威
　　　　　徐圣棠　程晓晓　李自雨　陈豪然　邵永刚
　　　　　卞庆杰　余　泳　吴海波　陈鹏浩　高　远
　　　　　贾　鹏　高留洋　胡旭峰　邱丽丽　任俊霞

审核人员：陈振宇　任歌武　胡扬宇　陈延昌　周　鹏
　　　　　张　腾　杨延超

编制说明

实施城乡配电网建设改造工程（以下简称配电网工程）的目的是促进城乡配电网协调、快速发展，提高配电网供电能力，不断开拓电力市场，保证客户用电需求，持续提高公司配电网运营的效益、效率。为落实国家发改委“统一城乡配电网建设，实现一体化发展”的要求，国网河南省电力公司组织编制《国网河南电力配电网工程建设管理手册》(简称《手册》)，旨在指导项目业主、设计单位、施工单位、监理单位进一步加强和规范配电网工程建设管理，有序推进工程建设，确保实现安全、优质、高效目标。《手册》适用于国网河南省电力公司投资的 10kV 及以下配电网建设改造工程。共四册，包括业主分册、监理分册、施工分册、技经分册。

本册为监理分册，共七部分，包括监理项目部的设置、项目管理、安全控制、质量管理、造价管理、技术管理、考核与费用管理。为便于使用，附录部分收录了监理项目部常用的标准表式及报告模板等。本册可供监理、业主及其他工程建设参建单位在配电网工程建设管理过程中参读使用。

本书不足之处，敬请各位读者、专家提出宝贵意见。国网河南省电力公司将根据国家电网公司相关制度要求定期对手册进行滚动修编。

编制依据

1.《国网河南省电力公司配电网工程业主项目部等 5 项管理细则》（豫电配网［2016］251 号）

2.《10 千伏及以下配电网优质工程和优秀设计评选办法（试行）》（配网［2016］2 号）

3.《国网河南省电力公司配电网工程建设安全管理规定（试行）》和《国网河南省电力公司施工作业现场安全组织措施管理细则（试行）》（豫电配网［2016］398 号）

4.《国网河南省电力公司配电网工程建设里程碑计划管理细则》（豫电配网［2016］491 号）

5.《配电网工程建设管理流动红旗竞赛管理办法》（配网［2016］8 号）

6.《国网河南省电力公司配电网工程验收管理办法（试行）》（豫电配网［2016］584 号）

7.《国网河南省电力公司配电网工程结算管理办法（试行）》（豫电配网［2016］635 号）

8.《国网河南省电力公司配电网工程设计工作管理细则（试行）》和《国网河南省电力公司配电网工程技经管理细则（试行）》（豫电配网［2016］534 号）

9.《国家电网公司监理项目部标准化工作手册　110（66）kV 变电工程分册》，中国电力出版社

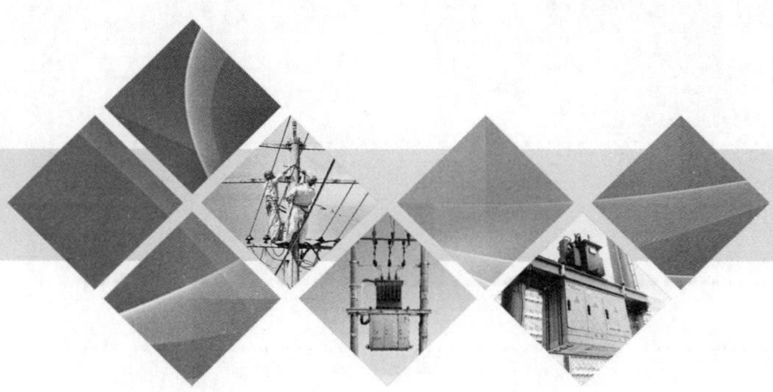

目 录

一、监理项目部的设置

（一）管理组织关系

（1）监理单位受建设单位委托，根据委托监理合同约定的服务内容和期限实施监理服务工作。监理项目部是监理单位派驻现场的监理机构（即监理规范中所称的项目监理机构）。

（2）监理项目部与业主项目部依据委托监理合同履行双方的权利和义务。业主项目部对监理项目部实施指导、监督、考核。

（3）监理项目部与施工项目部是监理与被监理的关系，依据委托监理合同和施工合同的有关要求，对施工项目部在工程实施中实行“四控制二管理一协调”的管理。

（4）监理项目部与设计项目部是管理协调关系，重点关注并协助业主协调设计图纸提交进度满足工程建设的需要。在施工阶段及时提出所发现的设计问题，并监督落实。

（5）监理项目部与材料 / 构配件供应商是管理协调关系，重点关注并协助业主协调材料 / 构配件供货进度、质量等方面，以满足工程建设的需要。

（6）建设管理单位要与监理单位签订监理合同，明确监理内容、监理方式及责、权、利。监理单位不得与施工单位有行政隶属关系和经济合伙关系。

监理项目组织关系如图 1–1 所示。

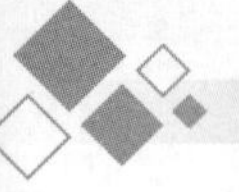

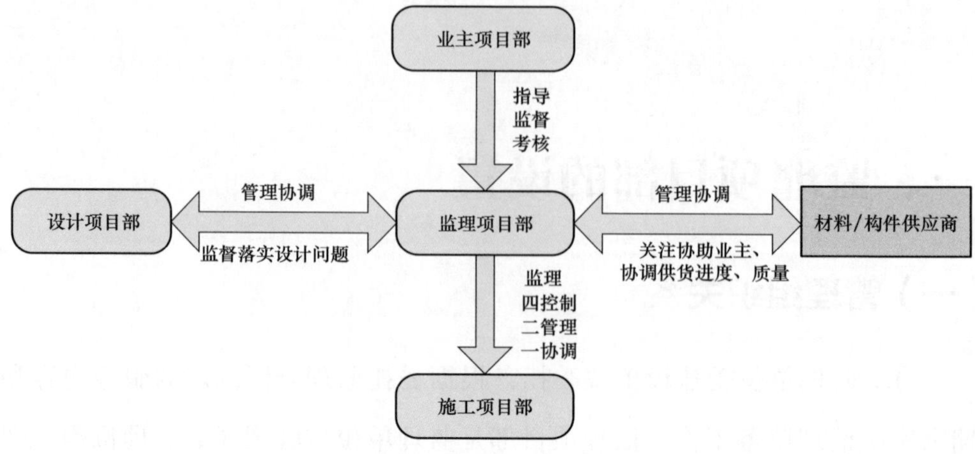

图 1-1　监理项目组织关系

（二）设置原则

（1）监理单位根据委托监理合同的要求和工程实际情况，结合国家和行业监理规范要求设立监理项目部。由监理单位正式发文任命总监理工程师，并报建设单位备案。监理单位接到业主项目部进场通知后，按期完成监理项目部的现场派驻工作。

（2）总监理工程师负责配电网建设改造工程，并由专人负责日常的监理工作，负责整体策划、人员培训、沟通协调，并指导配电网建设改造工程的监理业务。

（3）根据监理招标结果，监理单位原则上按区域设立监理项目部，配置充足的人员，满足区域范围内监理工作的需要。

（三）资源配置

1. 人员配置

（1）监理单位应在委托监理合同约定的时间内，将监理项目部的组织形式、人员构成及对总监理工程师任命文件等资料以书面形式递交建设单

位。当总监理工程师需要调整时，应征得建设单位的书面同意。

（2）监理项目部的人员配置必须满足工程建设的要求和监理单位投标的承诺，监理项目部各岗位人员配置具备相应任职资格及条件。

2. 硬件配置

监理项目部应根据工程类别、规模、技术复杂程度、工程项目所在地的环境条件，按委托监理合同的约定，配备满足监理工作需要的常规检测设备、工具、办公设备及车辆等。

3. 技术标准配置

监理单位应为监理项目部配置满足工程需要的规范和标准，在工程实施前根据电压等级、工程实际情况及委托监理合同要求等，配备相应的纸质版或电子版文件，同时应对规范标准实施动态管理，以保证使用最新版本。

（四）职责

（1）监理项目部严格履行委托合同赋予的职责、权利和义务，负责组织实施工程项目监理服务的具体工作，促进工程各项目标的实现，最大限度地满足业主的期望。

（2）贯彻执行国家、行业工程建设的标准、规程和规范，落实国家电网公司、网省公司、建设单位各项管理规定与实施细则。按照监理企业质量、环境、职业健康安全管理体系的要求，结合工程项目的实际情况，组织编制项目监理的规划文件，报业主项目部审查或备案后实施。

（3）负责监理项目部成员的现场安全培训和教育，保证配备的安全防护用品和监测、计量设备的正确使用和日常维护，负责监理项目部的危险源和环境因素的辨识、评价与控制，并形成文件加以实施和记录。对于重要的危险源制定管理方案，并落实相应的人员和物资准备。

（4）建立健全安全管理网络，落实安全责任制及岗位职责。在安委会的领导下，开展现场安全各项活动，履行安全管理职能，做好安全预控措施。按规定程序上报安全事故，参加安全事故调查。

（5）建立健全质量管理网络，落实质量责任制及岗位职责。履行质量管理职能。按规定程序上报质量事故，参加质量故调查。

（6）强化工程的造价控制，特别是工程变更的管理，确保工程变更程序规范、合理。

（7）加强工程量管理，参与设计工程量清单审核，审核工程进度款支付申请和用款计划，配合业主项目部进行竣工结算。

（8）按项目进度实施计划的要求，督促、审查施工项目部编制的项目施工进度计划，分析进度滞后的原因，提出监理意见，督促施工项目部落实进度纠偏措施。

（9）在业主的委托范围内开展工程施工、材料 / 构件供货的合同管理。督促施工项目部严格按照合同要求履行义务。按索赔的管理程序，收集参建各方索赔的证据和资料。

（10）负责工程信息与档案监理资料的收集、整理、上报、移交工作。

（11）按委托监理合同赋予的职责，做好与业主项目部、施工项目部、设计单位、材料 / 构件供应商的协调工作，参加业主项目部组织召开的协调会、专题会。

（12）对施工图进行预检，并汇总施工项目部的意见，形成预检意见；参加由业主项目部组织的施工图会检及设计交底会，并负责有关工作的落实。

（13）审查施工组织设计中的安全质量技术措施或专项施工方案是否符合工程建设标准强制条文，施工组织是否满足工程建设安全文明施工管理的需要。

（14）定期或不定期地检查施工现场，发现存在安全事故隐患的，应要求施工项目部整改；情况严重的应要求施工项目部暂停施工，并及时报告业主项目部。施工项目部拒不整改或不停止施工的，应即时向有关主管部门汇报。

（15）组织工程中间、竣工预验收的监理初检工作，参加业主项目部组织工程竣工预验收，参加竣工验收和启动试运行，参加工程移交。

（16）项目投运后，及时对本项目监理服务工作进行总结和综合评价。负责投产后质保期内的监理服务工作，参加项目投产达标。

（五）人员培训

（1）监理单位应针对配电网工程建设的特点，对监理人员进行岗前教育培训，经考试合格后上岗。

（2）监理项目部应根据交底制度的要求，根据工程不同阶段和特点，对现场监理人员进行岗前教育培训和技术交底。

（3）对从事应用新技术、新工艺、新材料等项目的监理人员，经相关技术培训后，方可承担相应的监理工作。

（4）对人员的培训应留有记录。

二、项目管理

监理项目部的工程项目管理范围除安全管理、质量管理、造价管理和技术管理四项专业化管理之外的建设监理管理内容，包括监理工作规划管理、项目分包管理、进度计划管理、合同履约管理、信息与档案管理、组织协调管理、创优争先管理等。

监理项目部对配电网工程的开工、施工、调试、竣工验收及保修过程实施安全、质量、进度、投资控制，对施工单位和建设单位签订的合同执行情况进行监督管理，对工程建设信息进行有效管理，协助建设管理单位协调参建各方的关系。

（一）工作规划管理

1. 监理程序

（1）建设管理单位与监理单位签订监理合同。

（2）监理单位成立监理项目部，任命总监理工程师，并配备相应的监理人员。

（3）监理单位编制监理规划，报建设管理单位确认。

（4）监理项目部按监理合同、监理规划实施监理工作。

（5）总监理工程师审批由专业监理工程师编写的专业监理实施细则。

（6）监理项目部要做好监理日志，编制监理工作总结。

（7）整理监理资料，移交建设管理单位。

2. 工作制度

为保证配电网工程监理工作的正常进行，监理项目部应制定相关制度。为保证配电网工程监理工作的正常进行，监理单位应根据有关法律法规、规程规范及国家电网公司的要求制定监理工作制度或标准，在监理工作实施前配发给监理项目部，并组织相应的培训和交底工作。主要制度包括：

（1）内部管理制度。

a. 学习培训制度。

b. 文件审批制度。

c. 监理日志和监理月报编写制度。

d. 资料归档制度。

e. 信息管理制度。

（2）工作管理制度。

a. 施工组织设计及施工方案审批制度。

b. 工程开工、停工、复工管理制度。

c. 工程主要设备、材料、构配件检验管理制度。

d. 工程施工质量验收管理制度。

e. 隐蔽工程检查签证制度。

f. 监理通知单、监理工作联系单管理制度。

g. 安全监理工作制度。

3. 工作要求

（1）监理项目部必须认真履行监理合同，按照“公平、独立、诚信、科学”的原则，开展工程建设监理工作，公平维护建设管理单位与施工单位的合法权益。

（2）监理项目部和监理工程师应当按照法律、法规和工程建设强制性标准实施监理。如因监理人员过失而造成建设单位的经济损失（包括工程量不实、重大质量事故、安全事故等），或监理人员不按监理合同履行监理职责、与承包人串通给建设单位造成损失的，建设管理单位有权要求监理单位更换监理人员，直至终止合同，并要求监理单位对工程建设质量及安全生产承担相应的监理责任。

（3）监理人员要按规定采取旁站、巡视和平行检验等形式，及时进行工程检查，对达不到质量要求的工程不得签字，并有权责令返工，有权向有关主管部门报告。

4. 工作目标

（1）质量目标：工程合格率均达到 100%。

（2）进度目标：工程控制在施工合同工期以内。

（3）投资目标：工程静态投资控制在批准的投资范围之内。

（4）安全目标：不发生监理责任引起的承包方人身死亡事故；不发生监理责任引起的火灾、设备损坏事故以及施工造成的大面积停电事故；不发生负主要责任的交通事故。

5. 业务流程

监理项目部的业务流程如图 2–1 所示。

（二）项目分包管理

（1）贯彻落实公司工程施工分包管理办法，具体负责分包工程监管工作。

（2）对分包情况进行全过程监督管理。

（3）审查工程项目分包计划和申请。

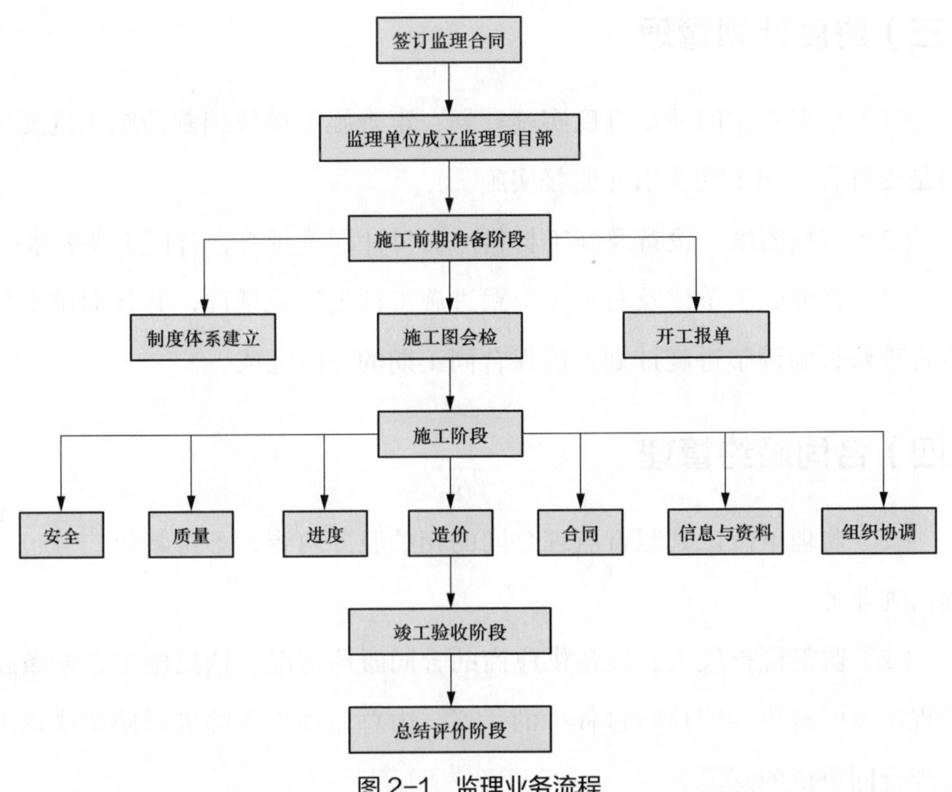

图 2-1　监理业务流程

（4）审查分包商资质、业绩和拟签订的分包合同、安全协议，并对拟进场的分包商主要人员、施工技术能力等条件进行入场验证并动态核查。

（5）通过文件审查、安全检查签证、安全旁站和巡视等监理手段，实施分包工程安全监理。

（6）通过见证、质量旁站和巡视、平行检验等监理手段及方法，实施分包工程质量监理。

（7）定期组织开展工程项目分包管理专项检查。

（8）分包工程结束后核查分包商的考核评级结果。

（9）对施工项目部分包管理工作进行考核评价。

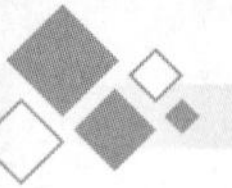

（三）进度计划管理

（1）根据业主的项目进度实施计划，审查施工单位编制的施工进度计划是否符合合同工期要求并监督实施。

（2）审核图纸、设备及施工材料的交付计划是否符合合同工期要求。

（3）督促施工单位及时开工，跟进施工计划完成情况，并督促施工单位合理修订和调整进度计划，确保合同工期的按时完成。

（四）合同履约管理

（1）监理单位认真履行监理合同的相关服务内容，不得转包、分包工程监理业务。

（2）监督检查施工、设备供应商的合同履约情况，依据施工合同条款的规定及时解决合同执行过程中的争议，由总监理工程师进行协调或提出处理合同争议的意见。

（3）根据施工合同中的工程量、进度款支付的要求，审核施工项目报送的工程量清单、进度款支付申请，报送业主项目部。

（4）施工合同解除时，监理项目部应按合同约定与建设管理单位、施工单位按有关要求协商确定施工单位应得款项，按施工合同约定处理合同解除后的有关事宜。

（5）及时收集、整理有关工程费用的原始资料，为处理费用索赔提供证据。依据施工合同审核索赔申请，提出监理书面意见和建议，报送业主项目部。

（6）审核施工项目部提交的质保金支付申请，报送业主项目部。

（7）审查施工单位报审的《分包单位资质报审表》，审查合格后报业主项目部审批备案。

（五）信息与档案管理

（1）按照委托监理合同及档案信息管理规定履行监理的信息与档案管理职责，完善监理档案信息分类管理，实施文件的收发登记管理。及时收集监理档案文件资料（包括影像资料），并按照国家电网公司规定的统一归档目录进行分类整理、组卷、录入，工程投运后及时移交。

（2）建立计算机信息管理系统，完善工程信息流程，及时将监理的项目管理、安全控制、质量控制、造价控制、进度控制等方面信息输入信息管理系统。

（3）监理人员发现和处理的问题要按信息分类进行归档，记入监理工作日志。

（4）整理有关工程的文件、各种会议纪要，并建立分类档案。

（5）编写监理月报，对工程质量、安全、进度、投资情况及存在的问题，向业主和有关单位定期汇报。

（6）监督、检查施工项目部对档案资料的过程管理，对移交的档案进行监理初检。

（7）工程竣工后，总监理工程师组织编写监理工作总结，整理汇总本工程监理档案资料，形成监理文件包报建设管理单位。

（六）组织协调管理

（1）参加业主项目部组织召开的月度协调会或专题协调会，提出监理意见和建议；项目监理机构主持召开工地例会每月不少于一次，就工程安全、质量、进度、投资等工作进行协调，提出要求，并负责会议纪要的编制和分发，对会议纪要的执行情况进行监督检查，在下次会议纪要中记录问题执行落实情况。

（2）及时处理、传递施工项目部提出的需要协调的问题。

（3）参加建设管理单位召开的各种相关会议，协助解决施工过程中的有关问题。

（七）创优争先管理

（1）配合协助业主项目部对工程质量把控，开展配电网工程建设优质工程建设和评选工作。

（2）配合业主项目部，协调设计单位开展配电网工程建设优秀设计评选工作。

（3）配合业主项目部开展配电网工程建设管理流动红旗竞赛。

（4）配合业主项目部开展配电网标准化建设改造创建工作。

三、安全控制

（一）监理项目部安全职责

（1）负责工程项目施工的安全监理工作，履行监理合同中承诺的安全监理职责。完善安全监理工作机制，健全项目安全管理台账。

（2）编制监理规划，明确安全监理目标、措施、计划；编制安全监理工作方案，明确文件审查、安全检查签证、旁站和巡视等安全监理的工作范围、内容、程序和相关监理人员职责以及安全控制措施、要点和目标。

（3）组织项目监理人员参加安全教育培训，督促施工项目部开展安全教育培训工作。

（4）审查项目管理实施规划（施工组织设计）中安全技术措施或专项施工方案是否符合工程建设强制性标准。

（5）审查施工项目部报审的施工安全管理及风险控制方案、工程施工各类专项方案（措施）等安全策划文件。审查项目施工过程中的风险、环境因素识别、评价及其控制措施是否满足适宜性、充分性、有效性的要求。

（6）审查施工项目经理、专职安全管理人员、特种作业人员的上岗资格，监督其持证上岗。审查施工分包队伍资质及人员的安全资格文件，对施工分包全过程进行监督。

（7）负责施工机械、工器具、安全防护用品（用具）的进场审查。检查现场施工人员和装备投入是否符合安全文明施工要求及工程承包合同的约定。

（8）审查安全文明施工措施费使用计划，检查费用使用落实情况。

（9）协调交叉作业和工序交接中的安全文明施工措施的落实。

（10）对工程关键部位、关键工序、特殊作业和危险作业等进行旁站监理，对重要设施和重大转序进行安全检查签证。

（11）对实施监理过程中发现的安全隐患，要求施工项目部整改，必要时要求施工项目部停止施工，并及时报告业主项目部，对整改情况进行跟踪。

（12）组织或参加项目安全检查、工作例会，掌握现场安全动态，收集安全管理信息，通报施工现场安全现状以及存在的问题，提出整改要求和具体措施，督促责任方落实。

（13）负责安全监理工作资料的收集和整理，建立安全管理台账，并督促施工项目部及时整理安全管理资料。

（14）配合项目安全事件的调查处理工作。

（二）分包安全管理

（1）审查工程项目分包情况，除土建施工外，原则上只允许劳务分包。

（2）审查分包人员资格、施工技术能力等条件，动态核查分包单位进场主要人员信息。

（3）开展工程项目分包管理专项检查，填写监理检查记录。

（4）分包工程结算后，核查施工单位对分包商的考核评价结果，参与业主项目部组织的分包队伍考核评价工作。

（三）安全培训

监理、施工单位业应每年至少组织一次对所有从业人员进行的安全培训；施工单位督促检查分包商人员的安全教育培训，对劳务分包人员要建立专项教育名册，按照与本单位员工相同的要求开展培训。

（四）安全管理台账

（1）安全法律、法规、标准、制度等有效文件清单。

（2）总监及安全监理人员资质资料。

（3）安全监理工作方案。

（4）安全管理文件收发、学习记录。

（5）安全监理会议记录。

（6）施工报审文件及审查记录。

（7）分包审查记录。

（8）安全检查、签证记录及整改闭环资料。

（9）安全旁站记录。

（10）监理通知单及回复单，工程暂停令、复工令。

（五）项目监理安全风险防控

（1）工程开工前，参与项目安全风险交底及风险的初勘。

（2）日常检查核实施工作业必备条件是否满足要求，监督检查风险作业预控措施编制和落实。

（3）三级及以上风险作业执行“配电网工程三级及以上施工安全风险管理人员到岗到位”要求。

（4）审查确认三级及以上安全风险作业票，监督检查配电工程安全施工作业票开具和执行，发现问题及时提出整改意见，监督整改闭环。

（5）审核风险清册、评估结果和预控措施，按时上报风险等级评估意见，监督施工项目部按时填报风险作业动态信息。

四、质量管理

监理项目部质量管理范围主要包含施工准备阶段、施工阶段、竣工验收阶段、总结评价阶段四方面内容。

（一）施工准备阶段

（1）审查施工单位提交的施工组织设计、重要的施工方案和施工措施等，提出监理意见，并监督贯彻实施。

（2）审查施工单位拟分包的工程范围和内容。审查施工单位选用的分包单位的资质。未经监理资质审查的分包单位，不得进入施工现场。加强对分包队伍的动态管理，对实际能力与申报资质不符，或未能提供质量方针、目标者，要通报建设管理单位，并责令施工单位将其清除现场。

（3）审查施工单位项目管理人员及特殊工种、试验测量人员的资质证件，不符合要求不准上岗。

（4）审查施工单位拟在工程中所用的仪器设备和试验用仪器仪表的精度、配备情况和检定报告是否符合要求并满足工程的需要。

（5）参与设备材料的到货验收，根据建设管理单位提供的设备材料的订货清单和技术合同文件，复核到货设备材料是否与设计规格、型号相符，是否与招标结果相符。

（6）组织设备材料的到场验收，对现场主要设备、材料的入库、保管制度及实施情况进行检查监督。施工单位应提供进场的主要设备、材料合

格证明以及自购材料清单及合格证明，监理单位验证是否与招标结果相符、是否合格。必要时，进行平行检验。

（7）参加施工图会审和设计交底。未经会审的图纸不准在工程中使用。

（8）审核施工单位上报的开工资料，确认无误后，在开工报告上签署开工意见，同时报送建设管理单位批准。

（二）施工阶段

（1）在施工进行过程中，监理人员按照监理项目部制定的旁站、检查巡视制度，收集工程质量信息，解决施工中有关问题。

（2）现场重点检查施工单位是否按照规范标准、图纸、工艺进行施工。未经监理人员检查、签证，不得进行下道工序施工。

（3）检查现场特殊工种持证上岗情况。

（4）根据需要设置 W（见证）点、H（停工待检）点、S（旁站）点，对重要施工项目、隐蔽工程、关键部件、关键工序进行跟踪监理或旁站监理。

（5）对于不符合规范和质量标准的工序、分部、分项工程和不安全施工作业，监理人员应立即下达工程暂停令通知施工单位暂停施工，按要求进行整改后方可复工。

（6）审查设计变更申请，在设计变更审批单（必要时含设计变更联系单）上签署意见，并根据批准的工程变更文件监督施工单位实施工程变更。

（7）及时组织隐蔽工程验收和监理初检。

（8）配合电力建设工程质量监督站开展工程质量监督。

（三）竣工验收阶段

（1）负责中间验收、竣工投产验收、批次验收期间的监理工作。

（2）工程竣工验收前应由施工单位进行三级自检，自检合格后填写监理初验报审表向监理单位提出初检申请，同时报送以下附件：

a. 试验报告、安装记录。

b. 隐蔽工程记录（如有）。

c. 设计变更审批单（如有）。

（3）监理单位依据有关法规、规范、工程建设标准强制性条文、设计文件及施工合同，对施工单位报送的竣工资料进行审查，并对工程质量进行竣工初检，确保现场完工工程量、竣工图纸、竣工报告、工程结算书保持一致。

（4）监理单位检查工程总体状况，评价工程质量。督促做好工程建设项目竣工验收及移交生产的各项准备工作。

（5）参加建设管理单位组织的验收及竣工决算。对验收中提出的问题，监理单位监督施工单位进行整改，工程质量符合要求后，在工程竣工报告中签署监理意见。

（四）总结评价阶段

（1）依据委托监理合同的约定，对投产后工程质量保修期内出现的质量问题进行检查、分析，参与责任认定，对修复的工程质量进行验收，合格后予以签认。

（2）总结质量监理工作经验，对工程监理工作进行评价，并按要求完成监理工作总结。

（3）参加工程总结、网省电力公司组织的达标投产工作及相关单位组织的后评价工作。

五、造价管理

（一）职责范围

监理项目部造价控制的职责范围主要包括工程量管理、施工工程款支付审查、设计变更与现场签证、监理费用结算、工程结算等。

（二）造价控制措施

1. 工程量管理

（1）参与业主项目部组织的施工图纸、设计工程量、施工组织设计、施工方案审核。

（2）工程实施阶段根据施工设计图纸、工程设计变更和经各方确认的现场签证单，配合业主单位核对工程量，提供相关工程量文件。

（3）竣工结算阶段配合业主单位审核竣工工程量，编制完成竣工工程量文件。

（4）做好设计变更管理，在技术经济分析基础上签审设计变更，尽量减少由于工程变更而增加投资。

2. 施工工程款支付审查

（1）审查施工项目部编制的工程资金使用计划，并报业主项目部按相关流程审批。

（2）依据施工合同审核预付款，并报业主项目部按相关流程审批。

（3）审核进度款申报资料（包含当期的设计变更费用、工程量签证费用和索赔费用），签认后报业主项目部按相关流程审批。

（4）对工程款支付情况进行汇总登记，填写工程付款申请汇总表。

3. 设计变更与现场签证

（1）应履行授权范围内工程量的签证手续，根据变更方案审查设计变更、现场签证的费用，确认最终工程量，报业主项目部审核。审查应满足以下要求：

a. 一般设计变更（签证）提出后 7 天内，经相关单位审核，由建设管理单位完成审批。监理项目部及时签署审核意见。

b. 重大设计变更（签证）提出后 14 天内，按相关规定完成审批。监理项目部及时签署审核意见。

（2）参与变更与现场签证验收，审查相关费用。

（3）填写设计变更联系单、审计变更、现场签证汇总表。

4. 工程结算

（1）按监理合同约定提出监理费用支付申请，配合完成监理费用的竣工结算。

（2）依据已审批的设计变更、现场签证、索赔申请等相关结算资料，提出监理意见并报业主项目部。

（3）协助业主项目部完成工程竣工结算资料和竣工结算报告。

（4）审查施工单位工程结算书，认真核查工程量并确认，出具监理意见，确保工程真实有效。

六、技术管理

（一）技术标准监督执行

（1）掌握最新技术标准及规定，建立监理项目部技术标准目录清单，并及时更新，进行现场配置。

（2）根据工程进展，对所有监理人员适时组织有关技术标准、规程、规范及技术文件的学习。

（3）贯彻执行并督促其他参建单位执行国家、行业和国家电网公司颁发的相关技术标准、规程、规范及技术标准。

（二）设计监督管理

（1）熟悉施工图纸，对施工图进行预检，汇总施工项目部施工图预检意见，形成施工图预检记录。

（2）参加由业主项目组织的图纸会检、设计交底会议，起草施工图会议纪要，并报业主项目部签发，督促落实会议纪要的执行；由设计单位编写设计交底会议纪要，并报业主项目部签发。

（3）参加由业主项目部组织的设计联络会。

（4）审核确认工程设计变更及现场签证的技术内容并督促落实，组织现场验收，签署设计变更报验单。

（5）审核确认竣工图。

（三）施工技术监督管理

（1）审查项目管理实施规划中的技术管理体系、特殊施工技术方案（措施），并报业主项目部审批。

（2）参加业主项目部组织的重大施工现场技术方案讨论会，提出监理意见和建议；参加业主项目部组织的技术争议问题会议，提出监理意见和建议。

（3）参与专项施工方案的安全技术交底。

（4）监督检查施工项目部对技术标准、项目管理实施规划及各种施工方案的执行情况。

七、考核与费用管理

（一）监理项目部考核

在建设任务完成后，按照《国网河南省电力公司 10 千伏及以下配电网工程监理项目部考核表》的考核内容和考核标准，接受并配合项目管理单位对监理单位进行考核，考核结果报国网河南省电力公司备案。

（二）监理费用管理

监理费中 90% 作为基本监理费，按合同付款；其余 10% 作为考核监理费，按照考核结果进行支付。

附录

附录 1　国网河南省电力公司 10 千伏及以下配电网工程监理项目部考核表

序号	评价指标	标准分值	考核内容及评分标准	扣分	扣分原因
1	项目管理	30	监理规划、监理实施细则编制符合公司有关要求，有针对性、符合工程实际，编审批及报审手续完备（3 分） （查项目管理策划文件，每缺少一项扣 1 分；存在内容不全面、不符合要求、方案未结合工程实际、引用过期文件、报审不及时、编审批不符合要求等不规范现象，每项扣 0.5 分）		
			对项目管理实施规划（施工组织设计）、施工“四措一案”等报审资料进行审查，审查意见明确，符合实际，并及时反馈施工项目部（3 分） （查文件审查记录表，每缺少一项扣 1 分；不规范、表述模糊每项扣 0.5 分）		
			按要求审核工程开工条件（3 分） （查开工报告，审核流程不规范，审核意见不明确，审核不及时等，每项扣 0.5 分）		

续表

序号	评价指标	标准分值	考核内容及评分标准	扣分	扣分原因
1	项目管理	30	按照业主方进度计划管理要求，审批施工进度计划，并实施动态管理，监督施工进度计划落实情况，及时、准确上报进度报表（8分） （查相关记录未对计划执行情况进行分析和纠偏，扣1分；报表不真实，核实1次扣1分）		
			施工过程安全、质量控制数码照片（7分） （查隐蔽工程数码照片，旁站记录，监理日志，并核对现场，不规范或不满足要求，每处扣0.5分；未及时整理、移交，扣1分）		
			每月编制质量月报，及时报送业主项目部（3分） （查监理月报，未编制监理月报或无实质性内容、未及时上报，每次扣0.5分）		
			及时收集监理档案文件资料，进行分类整理、组卷、录入，工程投运后及时移交（3分） （查工程档案，缺项或内容不完整、不规范，每项/份扣0.3分）		
2	安全管理	20	适时开展监理安全检查，重点督查施工项目部的安全措施，施工安全管理及风险控制方案的落实，对发现的各类安全事故隐患，要求施工项目部及时整改闭环（4分） （查安全记录、监理通知单、监理通知回复单、工程暂停令等记录，每缺一份扣0.5分；记录不规范、与其他资料不对应，每份扣0.5分；发现的问题未监督整改闭环，每次扣1分）		

续表

序号	评价指标	标准分值	考核内容及评分标准	扣分	扣分原因
2	安全管理	20	审查分包商资质、安全协议及人员资格，督促施工项目部规范分包管理（8 分） （未审查分包单位资质报审表，或审核过程管控不严格，存在分包商资质不合格现象，每份扣 2 分；分包过程不规范，存在施工违规分包、以包代管等现象而未纠正的，每例 / 项扣 1 分）		
			审查施工单位和分包商的特殊工业、特殊作业人员资格证明文件，并进行不定期检查（4 分） （查特殊工种、特殊作业人员报审资料，审查不严格、未发现特殊工种、特殊作业人员资格证明文件缺失或失效，每份扣 0.5 分；现场发现无证上岗，每例扣 1 分）		
			依据安全监理实施细则，对施工安全的重要及危险作业工序和部位进行安全监理（4 分） （查安全巡查监理记录，每缺一份扣 1 分；记录不规范、与其他资料不对应、问题未闭环，每处扣 0.5 分）		
3	质量管理	20	现场抽查工艺质量（15 分） （发现工艺不合格，每处扣 0.5 分；发现质量缺陷，如安全距离、接地电阻、组件装配等不合格，每处扣 2 分）		
			组织监理初检，参加验收、督促缺陷整改闭环（5 分） （查初检记录、缺陷整改闭环记录，工程质量初检记录缺少，每次扣 1 分）		

续表

序号	评价指标	标准分值	考核内容及评分标准	扣分	扣分原因
4	造价管理	20	审核设计变更和现场签证（5分） （查设计变更审批单和设计变更单，签署意见表述不清晰或不准确，每份扣1分；查监理通知单或监理工作联系单，施工单位未严格执行审批后的设计变更而监理单位未发现或未指出，每份扣1分）		
			审核工程量（15分） （查工程档案、工程结算，与现场核对，发现竣工图纸、工程结算、现场实际三不对照，每处/例扣2分）		
5	技术管理	10	参加施工图会审，形成会议记录（5分） （查施工图会审记录，未按规定开展施工图会审，每次扣0.5分）		
			根据工程不同特点，对现场监理人员进行岗前教育培训和技术交底（5分） （查安全/质量活动记录表、试卷及成绩，未按规定进行岗前教育培训和技术交底，每人次扣0.5分；培训或交流记录存在后补、虚假以及代签字等现象，每次扣0.5分）		

附录 2 配电网工程监理文件包编写内容

一、监理工作总结

二、成立监理项目部、任命总监文件

三、监理规划

四、图纸会审纪要、记录

五、监理通知单及回执

六、工程变更单

七、质量缺陷及事故处理文件

八、主要特殊工种上岗人员资格审查记录表

九、监视、测量装置检查（校准）记录和安全工器具试验记录报审表

十、开工、竣工报告清单

十一、监理日志

十二、监理月报

十三、旁站记录

十四、监理归档资料清单

附录 3 监理安全、质量旁站的作业工序及部位一览表

序号	项目类型	施工阶段	需进行质量旁站项目（包括但不限于）
1	线路工程	基础	铁塔、钢管杆、大弯矩基础混凝土浇筑
		架线	跨越带电线路
2	配电工程	土建	配筋砼基础浇筑
		安装	变压器及配电装置耐压试验、电缆耐压试验

附录 4　××批次 ×× 配电网建设改造工程开工报告（模板）

工程编号：

×× 批次 ×× 配电网建设改造工程
开工报告

工程项目：

工程类别：

施工单位：

项目负责人：

计划开工日期：

计划竣工日期：

<table>
<tr><td></td><td>工程主要内容及工程量
（工程内容及工程量描述要具体、明确）</td></tr>
<tr><td>施工单位报审</td><td>我方承担的以上工程，已完成了以下各项工作，具备了开工条件，特申请施工，请予以审核并批准开工。
1. 施工合同已签订。
2. 安全技术组织措施已批准。
3. 设备材料计划已批准，且工程所需的进场材料 / 构配件 / 设备均已自检合格。
4. 工程施工图已会审。
附：
1. 以上 4 项资料
2. 分包单位资质报审表及特殊作业人员资格证
3. 其他证明文件

施工单位：（章）
项目负责人：（签名）
日期：</td></tr>
</table>

<table>
<tr><td>监理
单位
审核</td><td>监理审查意见：

项目监理机构：
总监理工程师：（签名）
日期：</td></tr>
<tr><td>建设
单位
审核</td><td>建设单位主管部门意见：

建设单位：（章）
建设单位负责人：（签名）
日期：</td></tr>
</table>

附录 5　××批次 ×× 配电网建设改造工程竣工报告（模板）

工程编号：

×× 批次 ×× 配电网建设改造工程
竣工报告

工程项目：

工程类别：

施工单位：

项目负责人：

开工日期：

竣工日期：

填报日期：

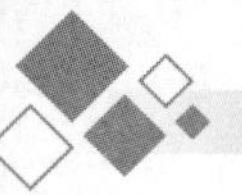

<table>
<tr><td>工程
验收
内容</td><td>（工程内容及工程量描述要具体、准确）</td></tr>
<tr><td>施工
单位
报审</td><td>我方已按合同要求完成了以上工程，经自检合格，请予以检查和验收。
附件：
1. 试验报告、安装记录
2. 隐蔽工程记录
3. 工程变更单
4. 其他

施工单位：（章）
项目负责人：（签名）
施工负责人：（签名）
日期：</td></tr>
</table>

<table>
<tr><td>监理单位审查</td><td colspan="2">审查意见：
经初检，该工程
1. 符合我国现行法律、法规要求。
2. 符合我国现行工程建设标准。
3. 符合设计文件要求。
4. 符合施工合同要求。
综上所述，该工程初检合格，可以组织验收。

项目监理机构：
总监理工程师：（签名）
日期：</td></tr>
<tr><td rowspan="2">竣工验收会签</td><td>运行单位验收意见：

运行单位：（章）
负责人：（签名）
日期：</td><td rowspan="2">建设单位主管部门验收意见：

主管部门：（章）
负责人：（签名）
日期：</td></tr>
<tr><td>监理单位验收意见：

项目监理机构：
监理工程师：（签名）
日期：</td></tr>
</table>

附录 6 其他常用的标准表式

附录 6-1

工程暂停令

工程名称： 编号：

<table>
<tr><td>致 ________________（施工项目部）：
由于 ________________ 原因，现通知你方必须于 ______ 年 ___ 月 ___ 日 _____ 时起，对本工程的 ________________ 部位（工序）实施暂停施工，并按下述要求做好各项工作：

监理项目部（章）
总监理工程师：
日期：</td></tr>
<tr><td>业主项目部意见：

业主项目部（章）
项目经理：
日期：</td></tr>
</table>

注：本表一式 ___ 份，由监理单位填写，业主项目部、施工项目部各存一份，监理项目部存 ___ 份。

附录 6-2

工程复工令

工程名称：　　　　　　　　　　　　　　　　　　　工程编号：

致：____________________（施工项目部） 我方发出的编号为_________________的工程暂停令，要求暂停施工的________________部分（工序），经查已具备复工条件。经业主项目部同意，现通知你方于____年____月____日____时起恢复施工。 附件：证明文件资料 监理项目部（章） 总监理工程师： 日期：

注：本表一式三份，监理项目部、施工项目部和业主项目部各一份。

附录 6-3

施工图会审纪要

编号：　　　　工程名称：　　　　签发：

<table>
<tr><td colspan="2">会议地点</td><td></td><td>会议时间</td><td></td></tr>
<tr><td colspan="2">会议主持人</td><td colspan="3"></td></tr>
<tr><td colspan="5">会审图册：</td></tr>
<tr><td colspan="5">本次会议内容：</td></tr>
<tr><td>会签意见：

业主项目部（章）
业主项目经理：</td><td>会签意见：

监理项目部（章）
总监理工程师：</td><td colspan="2">会签意见：

设计单位（章）
设总：</td><td>会签意见：

施工项目部（章）
项目经理：</td></tr>
</table>

注：会审纪要由监理项目部起草，经业主项目经理签发后执行。

附录 6-4

会议纪要

编号：　　　　　　工程名称：　　　　　　签发：

<table>
<tr><td>会议地点</td><td></td><td>会议时间</td><td></td></tr>
<tr><td>会议主持人</td><td colspan="3"></td></tr>
<tr><td colspan="4">会议主题：</td></tr>
<tr><td colspan="4">上次会议问题落实情况：</td></tr>
<tr><td colspan="4">本次会议内容：</td></tr>
<tr><td>主送单位</td><td colspan="3"></td></tr>
<tr><td>抄送单位</td><td colspan="3"></td></tr>
<tr><td>发文单位</td><td></td><td>发文时间</td><td></td></tr>
</table>

注：会议纪要由监理项目部起草，经总监理工程师签发后下发。

附录 6-5

________报审表

工程名称： 编号：

<table>
<tr><td>致 ________________________ 监理项目部：
我单位已完成了 ________________________ 工作，现报审，请予以审核。
附件：×××

施工项目部（章）：
项目经理：
日期：</td></tr>
<tr><td>监理项目部审查意见：

监理项目部（章）：
总 / 专业监理工程师：
日期：</td></tr>
</table>

注：本表一式 ____ 份，由施工项目部填报，业主项目部、监理项目部各一份，施工项目部存 ____ 份。

填写、使用说明：

①此报验申请表为通用表，用于施工项目部其他工作的报审。

②使用过程中，表号不变（即使是不同性质工作的报验），同一施工项目部按使用次序统一编流水号。

③如果该项工作还需要报业主项目部审批，则参照其他表式增加“业主项目部审批意见”栏。

附录 6-6

施工进度计划报审表

工程名称：　　　　　　　　　　　　编号：

<table>
<tr><td>致 ____________________ 监理项目部：
现报上 __________ 工程施工进度计划，请审查。
附件：__________ 工程施工进度计划（横道图）

施工项目部（章）：
项目经理：
日期：</td></tr>
<tr><td>监理项目部审查意见：

监理项目部（章）：
总监理工程师：
专业监理工程师：
日期：</td></tr>
<tr><td>业主项目部审批意见：

业主项目部（章）：
项目经理：
日期：</td></tr>
</table>

注：本表一式 ___ 份，由施工项目部填报，业主项目部、监理项目部各一份，施工项目部存 ___ 份。

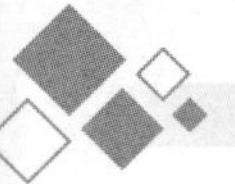

附录 6-7

分包计划申请表

工程名称： 编号：

<table>
<tr><td colspan="6">致 ______________ 监理项目部：
经策划，我方提出如下分包计划申请。请予以审查和批准。</td></tr>
<tr><td>序号</td><td>分包范围（施工内容及工程量）</td><td>分包性质</td><td>工程地点</td><td>计划工期</td><td>拟分包工程总价（万元）</td></tr>
<tr><td></td><td></td><td></td><td></td><td></td><td></td></tr>
<tr><td></td><td></td><td></td><td></td><td></td><td></td></tr>
<tr><td colspan="5">合 计</td><td></td></tr>
<tr><td colspan="6">施工项目部（章）：
项目经理：
日期：</td></tr>
<tr><td colspan="6">监理项目部审查意见：

监理项目部（章）：
总监理工程师：
日期：</td></tr>
<tr><td colspan="6">业主项目部批准意见：

业主项目部（章）：
项目经理：
日期：</td></tr>
</table>

注：本表一式 ___ 份，由施工单位填报，业主项目部、监理项目部各一份，施工单位存 ___ 份。

填写、使用说明：

①施工单位在工程开工前，应就拟分包行为委托施工项目部向监理项目部提出分包计划申请。

②施工单位应说明分包范围（施工内容及工程量）、分包性质（专业分包或劳务分包）、工程地点、计划工期、拟分包工程总价。

③监理项目部审查要点：a. 分包范围是否符合国家法律法规、国家电网公司有关规定。b. 分包范围是否符合施工承包合同约定。c. 分包范围是否符合总施工单位在投标书中的承诺。

附录 6-8

施工分包申请表

工程名称：　　　　　　　　　　　　编号：

<table>
<tr><td colspan="4">致 ________________________ 监理项目部：
经考察，我方认为拟选择的 ________________________（分包单位）具有承担下列工程的施工资质和施工能力，可以保证本工程项目按合同的规定进行施工。分包后，我方仍承担总包单位的全部责任。请予以审查和批准。
附件：1. 分包单位资质材料
2. 分包单位业绩资料
3. 拟分包合同、拟签订的安全协议
4. 分包单位专职管理人员及特种作业人员资格证和上岗证</td></tr>
<tr><td>分包工程名称（部位）</td><td>分包性质</td><td>工作量</td><td>拟分包工程合同额</td></tr>
<tr><td></td><td></td><td></td><td></td></tr>
<tr><td></td><td></td><td></td><td></td></tr>
<tr><td colspan="3">合　　计</td><td></td></tr>
<tr><td colspan="4">施工项目部（章）：
项目经理：
日期：</td></tr>
<tr><td colspan="4">监理项目部审查意见：

监理项目部（章）：
总监理工程师：
日期：</td></tr>
<tr><td colspan="4">业主项目部审批意见：

业主项目部（章）：
项目经理：
日期：</td></tr>
</table>

注：本表一式 ___ 份，由施工项目部填报，业主项目部、监理项目部各 ___ 份，施工项目部存 ___ 份。

附录 6-9

监理初检申请表

工程名称： 编号：

<table>
<tr><td>致 ________________ 监理项目部：
经我公司三级自检，具备 ____ 阶段第 ____ 次工程监理初检条件，特此申请，请审查。
附件：公司级专检报告（____ 阶段）

施工项目部（章）：
项目经理：
日期：</td></tr>
<tr><td>专业监理工程师审查意见：

专业监理工程师：
日期：</td></tr>
<tr><td>总监理工程师审查意见：

监理项目部（章）：
总监理工程师：
日期：</td></tr>
</table>

注：本表一式 ___ 份，由施工项目部填报，监理项目部 ___ 份，施工项目部存 ___ 份。

填写、使用说明：

①施工项目部按《国家电网公司基建质量管理规定》完成相应工程的施工，并经班组、项目部、公司三级自检验收合格后，应将自检结果向监理项目部报验，并申请中间验收。

②监理初检分基础基本完成、土建交付安装前、投运前（包括电气安装调试工程）三次监理初检。

③监理项目部审查要点：a. 申请监理初检的工程是否已经施工单位三级自检验收合格。b. 三级自检验收及评定记录是否齐全。c. 其他技术资料是否齐全、合格。

④该报审资料须上传基建管理信息系统。

附录 6-10

监理通知单

工程名称： 编号：

致：
事由 内容 监理项目部（章） 总 / 专业监理工程师： 日期：

注：本表一式 ___ 份，由监理项目部填写，业主项目部、施工项目部各存一份，监理项目部存 __ 份。

附录 6-11

监理通知回复单

工程名称：　　　　　　　　　　　　　　编号：

<table>
<tr><td>致 ________________ 监理项目部：
我方接到编号为 ________ 的监理通知后，已按要求完成了 ________ 工作，现报上，请予以复查。
详细内容：

附件：×××

施工项目部（章）：
项目经理：
日期：</td></tr>
<tr><td>监理项目部复查意见：

监理项目部（章）：
总 / 专业监理工程师：
日期：</td></tr>
</table>

注：本表一式 ___ 份，由施工项目部填报，业主项目部、监理项目部各一份，施工项目部存 ___ 份。

填写、使用说明：

①本表为《监理通知单》的闭环回复单。

②如《监理通知单》所提出内容需整改，施工项目部应对整改要求在规定时限内整改完毕，并以书面材料报监理。

附录 6-12

监理工作联系单

工程名称：　　　　　　　　　　　　编号：

<table>
<tr><td>致：
　　事由

　　内容

　　　　　　　　　　　　　　　　　　　　监理项目部（章）
　　　　　　　　　　　　　　　　　　　　总 / 专业监理工程师：
　　　　　　　　　　　　　　　　　　　　日期：</td></tr>
</table>

注：本表一式 __ 份，由监理项目部填写，业主项目部、施工项目部各存一份，监理项目部存 __ 份。

附录 6-13

设计变更审批单

工程名称：　　　　　　所属工程批次：　　　　　　编号：

<table>
<tr><td colspan="4">致 ______________________（监理项目部）：
变更事由：

变更费用：
附件：1．设计变更建议或方案
　　　2．设计变更费用计算书
　　　3．设计变更联系单（如有）

设　　总：（签字）
设计单位：（盖章）
日期：</td></tr>
<tr><td>监理单位意见

总监理工程师：（签字并盖项目部章）

日 期：</td><td>施工单位意见

项目经理：（签字并盖项目部章）

日 期：</td><td>业主项目部审核意见

项目经理：（签字并盖项目部章）

日 期：</td><td>建设管理部分意见

部门主管领导：（签字并盖部门章）

日 期：</td></tr>
</table>

注：①编号由监理项目部统一编制，作为审批设计变更的唯一通用表单。

②本表一式五份（施工、设计、监理、业主项目部、建设管理单位各一份）。

附录 6-14

设计变更联系单

工程名称：　　　　　　　　　　　　　　　　　编号：

<table>
<tr><td>
致 ________________________（设计单位）：
由 于 ____ 原 因，
兹提出 ________________ 等设计变更建议，请予以审核。

附件：变更方案等相关附件（A4 纸，5 号宋体）

负 责 人：（签字）
提出单位：（盖章）
日期：
</td></tr>
</table>

注：①编号由监理项目部统一编制，作为设计变更联系单的唯一通用表单。
②本表用于向设计单位提出非设计原因引起的设计变更，作为设计变更审批单的附件。
③本表一式五份（施工、设计、监理、业主项目部、建设管理单位各一份）。